猫咪思维

[意] 保罗·瓦伦蒂诺 著

锐拓 译

天津出版传媒集团

天津科学技术出版社

图书在版编目（CIP）数据

猫咪思维 /（意）保罗·瓦伦蒂诺著；锐拓译. -- 天津：天津科学技术出版社，2024.5
ISBN 978-7-5742-2005-8

Ⅰ.①猫… Ⅱ.①保… ②锐… Ⅲ.①人生哲学－通俗读物 Ⅳ.① B821-49

中国国家版本馆 CIP 数据核字（2024）第 079171 号

IL METODO CATFULNESS
La felicità insegnata da un gatto
© 2016 Mondadori Libri S.p.A., Milano
The simplified Chinese translation rights arranged through Rightol Media（本书中文简体版权经由锐拓传媒取得 Email:copyright@rightol.com）

猫咪思维
MAOMI SIWEI

责任编辑：	陶　雨
责任印制：	兰　毅
出　　版：	天津出版传媒集团 天津科学技术出版社
地　　址：	天津市西康路 35 号
邮　　编：	300051
电　　话：	（022）23332400（编辑部）
网　　址：	www.tjkjcbs.com.cn
发　　行：	新华书店经销
印　　刷：	运河（唐山）印务有限公司

开本 787×1092　1/32　印张 6.5　字数 50 000
2024 年 5 月第 1 版第 1 次印刷
定价：52.00 元

目 录

第一周　🐾　1

第二周　🐾　29

第三周　🐾　57

第四周　🐾　85

第五周　🐾　113

第六周　🐾　141

第七周　🐾　169

前 言

"我曾经和数名'禅宗大师'生活在一起,这些大师就是猫咪""我相信猫是凡间的精灵,它可以在云端漫步""安静时岁月静好、恬逸如斯,活动时步伐轻盈、敏捷灵动"……我还可以接着列举,因为关于我们猫咪,人类说过太多太多。

我,作为一只猫,不知道这些话是不是真的。毕竟对于我来说,只要活着,就够了。我不用为过去的生活而烦恼,也不用为将来的事情而担忧。未来是心灵的映射,何必现在自寻烦恼呢?

我可以理解,为什么人类一直把我们看作冥想者,甚至是神灵。当然,我们很乐意他们这样认为。

人类创造了一个充满问题的世界。

不光我看到了,所有的猫都看到了。人类从不会停滞不前,他们最重要的事情就是为自己寻找事情,好像从不允许自己有片刻的休息。通常,人类不会真实地表达内心的想法:当他们想要什么东西的时候,他们会因害怕某人不悦而说成想要另一样东西;有些人会扯着嗓子高谈阔论,好像要把他面前的人震晕;还有些人会神经兮兮地挥舞着胳膊,摇头晃脑地在房间里来回踱步……人类总是在追逐别的东西,就好像生活还远远不能使他们满足。他们说,那是在寻找"幸福"。但是,他们知道什么才是真正的幸福吗?

幸运的是,我们是猫咪。

饿了就吃、渴了就喝、困了就睡,每时每刻我们都活在当下。我们不用取悦除了自己之外的任何人——这样做也使我们周围的人更加快乐。

很久之前,我们就懂得如何才能真正快乐,那就是活在当下,只是单纯地去感知,不做任何反应。我们猫咪就经常这样做。

如果人类能够按照我们的方式生活,又或者跟我们多待一会儿,轻轻抚摸我们,陪我们玩耍,那么这个世界肯定会变得更加安静祥和。不要认为这占用了你做事情的时间,与猫共度的时光从不算荒废。

在这本书中,我会告诉人类开启幸福之旅的秘诀。这是一个为期七周的计划。将这个计划付诸实践,说不定你会拥有一段新的生活呢……

第一周

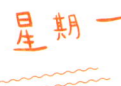

慢时光，静生活

人们终其一生忙忙碌碌，蓦然回首，似乎没有真正地活过。

为什么不停下疾行的脚步，寻得内心的宁静，感受生活的美好？

你会发现，即使没有你的辗转反侧，世界仍在有条不紊地向前。

你看我，在客厅寻一最高处，偷得浮生半日闲。

脱离喧嚣，以旁观者的角度悠然地看世界。

届时，你才是真正地活着。

日常感悟

星期二

游戏人间

人生是一场游戏。

在游戏中感受人生五味,体会世间百态;于从容中探索未知,发现世界,寻找真正的自己。

不甘于平庸,不沉沦于安逸,不贪图一时的享乐;寻求新的生活方式,尝试新的行为习惯,在嬉戏中成为更好的自己。

游戏人生不是荒诞不经,荒诞的是,你觉得成年人的世界里没有游戏!

日常感悟

星期三

耐心是一种修行

为了美味的猎物,我可以蹲守老鼠洞前,数小时纹丝不动。

当你专注于心中的目标时,手表、挂钟乃至潜意识里的时钟将不复存在,时光仿佛停滞。

曾有人请教一位哲学家:"你从何处学会了冥想?"

他回答道:"一只蹲在老鼠洞前的猫启发了我。"

日常感悟

保持好奇心

沙发后面藏着什么？

爬到房子的最高处会看到怎样的风景？

那扇紧锁的大门后面有什么？

那条我从未走过的路，会通向怎样绚丽多彩的世界？

好奇心是与生俱来的快乐源泉，在日复一日的生活中，带上好奇心，去发现一个又一个或大或小的惊喜吧。

日常感悟

星期五

闲坐观鱼游

压力大的时候,到鱼缸边坐一坐。

鱼缸是大是小都没关系,

重要的是里面要有鱼,无论是普普通通的金鱼,还是五彩缤纷的热带鱼。它们悠然自得地游弋着,两鳃缓缓翕动,吐出一串串气泡,轻柔的身姿引你入梦,带走你所有的烦恼。

日常感悟

星期六

亲近绿色

烦躁不安,就先拧紧情绪的开关。

不妨侍弄一下花草。

去公园里散步,又或者躺在草坪上,任思绪徜徉。

在那个绿色的海洋里,万物都有规律,小草不急不躁,静静地自然生长。

这一瞬间,你的内心会获得久违的平静。

日常感悟

星期天

休息日

今天是周日,你需要休息。

将"任务"二字从这一天中抹去,让心灵放空……

最重要的是,不要去考虑明天又是周一。

今天是今天,明天是明天。

重新发现世界

不要漠视我们周围的一切。好奇心是治愈心灵的良药，需要每天坚持服用。当你中断时，厌烦和沮丧便会接踵而至，同时还会令你产生逃避的想法。

如果你学会用正确的眼光看待世界，生活将充满惊喜——说到底，世界上没有任何两件事物是完全一样的，每天都有重新认识它的机会。认真观察，充分调动五感，你将会有新的发现。

从家里随便拿一件陪伴你多年的物品，比如你在假期买的小玩意儿。用手去触摸、用眼睛去观察、用鼻子去闻一闻，然后问问自己：它是如何制作的？有多少人为此付出了努力？这样一来，它将会显得愈发珍贵。

你把书架上所有的书一本本取下来清理灰尘,匆匆瞥一眼封面又放回去。这些书你都读了吗?什么时候读的?有哪些启发?那些你没读过的书,此刻为什么不试着翻开呢?

观察花盆里的绿植,日复一日,甚至一天之中,它们会出现怎样的变化?植物虽然沉默不语,却蕴含着强大的生命力,你发现了吗?

休息时刻，随心所欲

找一家环境不错的咖啡店，

买杯 咖啡，

看着窗外发呆。

在这页画下一些猫猫脚印。

记录下这周最开心的事和最烦恼的事,

然后把烦恼狠狠撕掉!!

还记得这周的 天 气 吗?

星期一
~~~~~~~~~~~~~~~~~~~~~~~~~~

星期二
~~~~~~~~~~~~~~~~~~~~~~~~~~

星期三
~~~~~~~~~~~~~~~~~~~~~~~~~~

星期四
~~~~~~~~~~~~~~~~~~~~~~~~~~

星期五
~~~~~~~~~~~~~~~~~~~~~~~~~~

星期六
~~~~~~~~~~~~~~~~~~~~~~~~~~

星期日
~~~~~~~~~~~~~~~~~~~~~~~~~~

第二周

星期一

抖去凡尘

想要得到自由,只需要卸下伪装,放下羁绊,回归本原。

身上的装饰物也会成为负担。

蝴蝶结、项圈、华丽的服装,我统统不喜欢。

如果你觉得身上有负担,很简单,甩掉它。

日常感悟

星期二

回归平淡

生活不是牢笼。

醒来、进食、睡觉、醒来、跑跑、跳跳。

在平平淡淡的生活里,小事情也会带给你真实的快乐。

小小的幸福就在身边,知足常乐。

日常感悟

星期三

远离狂热与喧嚣

工作、差旅、会议、应酬,数不清的日程安排,充实得令人艳羡。

迎来送往、灯红酒绿、觥筹交错,数不清的社交活动,让人心驰神往。

相比之下,你的生活——也许波澜不惊、黯淡无光——似乎显得寻常而无趣。

然而事实上,狂热与喧嚣并不那么有趣。我只有很少的应酬,几乎每天做一样的事情,其实这才是最好的生活。

日常感悟

对与错

生活中哪有什么对和错,不要用世俗中所谓"正确"的方法去做所有的事。

为了去窗台上,我总是尝试各种新的方法:我爬,我跳,我从写字台飞跃而过。

有时,我也会摔倒。

允许自己犯错,你会更加珍惜来之不易的成果。

日常感悟

星期五

梳理毛发真好啊

相爱的人互相梳理头发,是令人快乐的。
轻柔地、来来回回地梳理,就像按摩一样,
能使身心放松。
但是,请你不要忘记给我也梳理一下毛发,
这是属于我们的亲密时刻哟!

日常感悟

想要就说出来

沉默可能是最糟糕的敌人。

当你十分想要某件东西的时候,即使会让别人不高兴,也要大声地说出来,表达你的诉求。

否则,你没说出来的那些话会被压抑在内心深处,一点一点吞噬你。

日常感悟

星期天

休息日

有人说"无为"恰是世上最难为之事。或许对于人类来说,在这个问题上,需要学的还有很多很多。然而,对于我们猫咪来说并不是这样。

那么,希望这件事能成为你今天唯一需要做的"工作"。

练习

培养仪式感

我们猫咪的生活很有规律,每天的生活轨迹大致相同,只有些许细微的变化,但这已经足够了。生活虽然平静如水,没有波澜,但我们从不觉得单调。这是为什么?因为我们热爱生活,热爱我们所做之事,不会像人类一样心猿意马,总梦想着过其他的生活。

这项练习的目的是让你更加珍视你所拥有的,专注于并爱上当下所做的事。

选择日常必须做的一件事,比如每天早上刷牙或者扔垃圾。在心里默念:"哇,做这件事情多好啊!"一开始你可能会觉得这很傻,但请相信我,照做吧。

一旦你开始做这件事，就不要想接下来要干什么，只需专注于此。当你刷牙的时候，去感受牙膏的清甜沿着舌尖向后蔓延，感受令人愉悦的清香从上腭充满口腔。那一刻，你只是在刷牙。

除了这件事，脑海里不要想其他的，如此重复至少一周。到第七天，你会变得从容不迫，不会再把"刷牙"或"扔垃圾"当作必须完成的任务，不会再有"赶快做完，才能去做更有趣、更有意义的事"这种焦虑和紧迫感。

46 休息时刻，随心所欲

49

在这里画下你最爱的 花 吧!

给这些小猫画出身上的**花纹**吧!

今天傍晚，去外面**散散步**。

今天的 三 餐 是：

第三周

改变你的习惯

只要你愿意,就没有什么能阻止你改变习惯。

为什么总是睡在床上呢?

家里还有其他的地方可以打个盹吗?

随心改变你的习惯,泰然自若源自内心的安然——无论你身在何处。

日常感悟

跌倒了再爬起来

你可以跌倒,你可以受伤,你也可以沮丧,但是,你必须重新站起来。

在一次又一次的跌倒中,你学会了识别风险,躲避明枪暗箭,学会了保持身姿矫健,不再跌倒,更学会了坦然面对不测风云,从容应对世事无常。

日常感悟

星期三

闲来看风景

不管多忙,都要留出片刻的空闲,站在窗前,望一望窗外的风景。

看看那屋外的世界:驶过的汽车,来来往往的行人,飞翔的鸟儿……极目远眺,遥望蓝天与大地相接的一线。

放松你的双眼,放飞你的心灵,去感受大千世界、浩瀚宇宙。

你仿若置身全新的空间,将绚烂多彩的美景尽收眼底,一切美好都属于你。

日常感悟

星期四

宣泄,其实很正常

不要以为偶尔的情绪宣泄或真情流露,会让自己显得很差劲,会引来异样的目光。

不要探究哪来的无名之火,不要责怪自己为什么会突然发怒。

早些把心魔从牢笼里放出来吧,因为关得越久,它就越发凶狠。

日常感悟

星期五

放下恐惧

情绪是短暂的。倏忽间它来了,使你的心灵之光或明亮,或黯淡;倏忽间它又走了,一切烟消云散。

恐惧也是如此,这种情绪可以保护你,让你远离危险。

然而,当警报解除后,不要懊恼已然发生的灾难。

立马放空你的大脑,迎接新的、美好的情绪体验。

日常感悟

星期六

学会说"不"

意大利人说:"被开水烫伤的猫,见到冷水也害怕。"这和"一朝被蛇咬,十年怕井绳"是同样的意思。

对受到的伤害,要永远铭记于心,拒绝它、远离它,不要让自己再受同样的伤害。对别人的要求一味顺从,勉强自己,甚至不惜以伤害自己来讨人欢心。你大可不必这样做。

学会说"不"。前几次你可能不适应,甚至手足无措,但没关系,亮出你的底线、你的武器,你将赢得尊重,获得平静的生活。

日常感悟

星期天

休息日

"悠闲是一切哲学之父。"一位著名的哲学家这样说过。或许他想要表达的意思是,只有停止痛苦的挣扎,放弃冥思苦想,放下纠缠不清的执念,清净无为,智慧才能慢慢生发,顿悟和灵光才会闪现,一切才能豁然开朗。

不要把生活变成炼狱

生活本就没有太多波澜,不过是日复一日重复你的日常。

即便如此,仍然要认真地活着,珍惜拥有的一切,用欣赏的眼光看待你做的每件事。与之相反,如果浑浑噩噩,如行尸走肉一般机械地完成每项任务,一点也不专注于所做的事,甚至不停地争吵和抱怨,生活将成为难以挣脱的囚笼。

当逃离成了唯一的出路时,这表明你没有活在当下,你必须做点什么,让自己重新爱上生活。

试着稍微改变一些习惯。

> 留意一下,在家里,或是常去的快餐店里,你是否有坐在同一把椅子上的习惯?今天就尝试改变吧。虽然还是那个世界,但从其他角度可以发现很多不同。实际上,世界并没有改变,但你内心的感觉已悄然变化。

如果你经常走同一条路上班,尝试着选择另外一条。尽管这可能会多占用你几分钟时间,但你用新的方式开启了特别的一天。

如果你不用去任何地方,也没有任何事情要做,那就去散散步。你只需要重复地把一只脚放在另一只脚的前面,看一看周围的风景,呼吸一下新鲜的空气,听一听过往行人说的话,看一看过往的车辆,非常简单。你要自然地融入生活,真切地去感受生活。

74 休息时刻，随心所欲

走出这个猫尾巴**迷 宫**。

休息一下，偷偷**懒**吧。

删除一些难过,

才能容纳更多**快乐**。

给每一格填上不同**颜色**，
尽量不涂出格。

第四周

美就在身边

不要总觉得只有在遥远的地方才有奇迹和惊喜。

"金窝,银窝,不如自己的猫窝",我只希望在熟悉的地方度过一生——我的沙发,我的窗台,我磨指甲时常用的小地毯。

真正的旅行,不是跋山涉水,而是有一双善于发现美、欣赏美的眼睛。

日常感悟

星期二

勇于做自己

不要让别人觉得你是他们的附庸。

守护好"本我",那是你的内心纯粹而神秘的圣地,没有任何人可以侵犯它。

永远保持自我,勇于捍卫自我,即使有时这会让你看起来有些孤傲和难以捉摸,但那恰恰就是你,失去它就等于失去自己,失去真正的幸福。

日常感悟

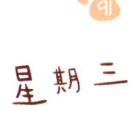

星期三

只选"对"的,不要"贵"的

为什么我更喜欢纸箱,而不是你刚给我买的猫窝?

那就问问你自己:"为什么偏偏觉得山间木屋那睡上去吱吱作响的小床更舒服?难道它好过酒店柔软的床榻?"

"鞋合不合适,只有脚知道。"要多听内心的声音,对自己诚实一点,不要选择最光鲜亮丽的,而是选择让你更快乐的。

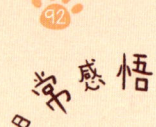
日常感悟

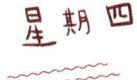

稳重

试着观察,看看谁在摇头晃脑,高谈阔论。那些激昂澎湃的演讲,有多少是空洞的无稽之谈,想想这会浪费多少精力。
"有理不在声高。"少一些指手画脚,降低你的声调,呼吸缓一点,说话慢一点……
没必要总是趾高气昂,引人注目。

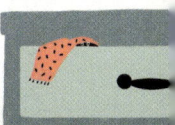

日常感悟

星期五

打扫房间

卧室是可以让你获得平静、惬意和安宁的港湾。

要勤收拾,把房间打理得井井有条。

整洁的房间能涵养心性,把平静清爽"映射"到你心里,使你内心的情绪更加清晰。

日常感悟

星期六

温柔是一种力量

高高在上的态度、凌厉的话语,不会让你变得更强,也不会让你更受别人尊敬与爱戴。

相反,永远不要吝于展现你温柔的一面。

你会得到丰厚的回报,那是你应得的爱。

日常感悟

星期天

休息日

又是一个星期天。

"人间有味是清欢",要好好享受这一天。

一位伟大的作家说:"好好休息,睡一觉,做个梦,被埋没的真相自会浮出水面。"

这和我要说的道理是一样的。"悠闲"是一门必修课,你必须先让自己闲下来,让潜意识的内在自我"上线",让心灵的电池静静"充电"。

练习

让自己冷静下来

你观察过那些紧张的人吗？他们的手快速地挥动，脚不自觉地像打鼓一样点地，声音突然变高。还有什么比这更令人厌烦呢？我们猫咪更喜欢安静的人。

虽然有时我们"喵喵"的叫声可能会令人恼火（必要时，我们必须发出自己的声音！），但我们如诵经般低沉悦耳的呼噜声，可以让你冷静下来。

你也要学会观察自己。你是一个容易紧张的人吗？你也会突然提高声调或突然开始手舞足蹈吗？如果是这样的话，你可以尝试对自己说："要冷静。"

当你发现自己正处于一场争论之中,即使感到被冒犯,也不要立马反击。把自己想象成狮身人面像,它总是卧在金字塔边,像猫咪一样一动不动。
接着,深呼吸,尝试用平静的语气反驳对方。他没有了攻击目标,就像一个被调开位置的球员一样,剑拔弩张的气氛可能很快就消散了。

当你的伴侣回家时,不要一上来就用问题和要求压倒对方,否则会让你的紧张情绪成为对方的负担。
你应该想,忙碌的一天终于结束了,如果你温柔而平静地迎接对方,用柔和的声音和对方说话,那么,这将是一个美好的夜晚。

休息时刻，随心所欲

写下最近的烦心事,

并狠狠剪碎!

晚上的寂静，

让内心更加清明。

想一想自己真正想要的，

明天就去 **追 寻** 吧！

带上这页,

和今天的 猫 拍张合影吧!

请尽情在这张纸上**涂 鸦**。

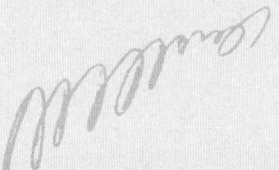

第五周

星期一

不要给自己设立太多规矩

总有人在某个设定好的时间告诉你,该吃饭了、该洗漱了、该起床了。

你的一天被一张项目密集、时间精确的计划表安排得明明白白。

但我要告诉你的是,想吃的时候就吃,觉得需要的时候就洗漱,当眼睛自己睁开的时候就起床。

这就是自然的生活。

日常感悟

星期二

打个盹

打盹是一门艺术。

在这个高速运转的世界里,小憩变成了奢侈品,重新发现打哈欠的乐趣,享受短暂的午休吧。

闭上眼睛,放松身心。

时间没有被浪费。当你醒来时,你会有足够的精力更好地度过这一天。

我的座右铭是:"睡吧,让我们睡吧。"

一直都是。

日常感悟

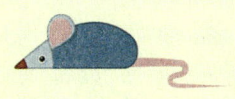

星期三

心怀感激

如果你很开心,请别犹豫地说:"谢谢你!"

我想感谢你时,会在你的床脚发出"呜呜"声,或者送你一份特别的礼物——一只专门为你捕捉的麻雀或别的小鸟。

而你需要做的,是为那些给你一天的生活带来美好的人送上一个微笑,说上几句暖心的话。

每天早上,当你醒来时,都要感恩生活,这样今天你会拥有更多美好的东西。

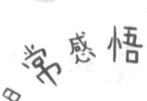
日常感悟

星期四

永不放弃

没有什么是不可能的。

不过是看不见的心理障碍在阻挡我们创造更多的可能,阻挡我们实现更远大的理想。

对我来说,只要不放弃,就没有什么是不可逾越的,除非我对它失去了兴趣。

如果我想要什么,我可以非常、非常地执着。

我会保持内心平静,非常诚实地倾听心底的呼唤。

日常感悟

星期五

领略"虚空"之妙

不要害怕闲着,不要总想着现在必须干点什么。时不时从思考与忙碌中解放出来,让大脑彻底放空。

就那样静静地待着,想待多久待多久,直至眼神迷离,"物我两忘"。

这就是虚空,就像我经常做的那样。

虚空并不是无所事事、百无一用。

相反,我要告诉你的是——即使我并不奢望你立即就能理解——空即是有,无空,有将无存。

日常感悟

星期六

保卫你的领土

当你是自己领土上无可争议的国王时,没必要去征服世界。即使领土很小,那也是你的王国,你的家。按照你的喜好,让这个地方适应你所有的行为习惯,永远不允许任何人侵犯。

日常感悟

星期天

休息日

如果一个人不会时不时给自己放个假,那他的生活将无自由可言。
如果你想像猫一样感受真正的自由与独立,今天就把所有的活动统统放到一边吧。
不要以为只有"有用"的东西才对你有好处。

心存感激

世界上有太多值得感激的东西:一碗盛满的清水(当我需要的时候可以小啜一口),一个让我可以在花盆之间闲庭信步的阳台,一间干净整洁的屋子,一个温柔的爱抚,一个让一整天都变得更加特别的奖励。人类仿佛只有在消极时才会表达情绪:愤怒、怨恨、悲伤……就好像即便只是把那些积极的情绪显露出来,也会使你们有内疚感。

是时候关注你何时会快乐了。这将让你的幸福感加倍。

选择一天中的一段时间,保持安静和放松。可以是在一个阳光明媚的中午,离办公室只有几步路的公园里,又或者是在你自己的床上。当困意袭来,你会感觉自己的眼皮越来越沉,越来越沉。

拿起纸笔,回忆白天的点滴,写下一切美好的事情,写下所有值得感激的事情。如果没有什么特别的事情发生,比如一份意外的礼物、职务晋升或一场激动人心的会议,那就想想你的日常:你的家人,你在公司享用的晚餐,还有当你回家时,用呼噜声欢迎你的猫。

反复读这些文字,并对发生在你身上的每一件事心怀感激。

每周重复练习一到三次。重复得越多,你就越会感激生活,越会感到快乐。

休息时刻，随心所欲

闭上眼睛,

想 象 明媚的阳光在温柔地亲吻你。

今天最想 吃 的是什么？

每一份**坚持**都不会被辜负。

你可以 回 头 看,
但不能往回走。

第六周

星期一

爱你自己

世界上没有人比你自己更重要。

永远不要忘记自己是谁,首先考虑自己的需求和幸福。

很快你就会发现,这并不是自私自利的行为,虽然这可能跟你周围的人说的截然相反。

别担心,如果你更快乐了,你以及你周围的人就都会被幸福照亮。

日常感悟

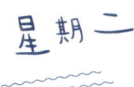

星期二

腹式呼吸

来看看我睡觉时的肚子吧,看它一上一下,缓缓起伏。

你就这样静静地看着,是不是觉得自己也变得平静了许多?

这叫腹式呼吸。

试着学习用这样的方式呼吸吧。这能让你的身体获得充足的氧气,消解疲惫,更快地入睡。

日常感悟

星期三

在黎明醒来

有时你醒得很早,其他人还在睡觉,太阳还未升起。这时,准备好欣赏黎明带给你的视觉盛宴吧。

在这一刻,光明开始洒向世界,一切似乎都在重生,这是一天中最珍贵的时刻。

你也会觉得如获新生(现在明白为什么我要早早地叫醒你了吧)。

星期四

细细品味每一餐

感谢把食物端上餐桌的人。

充满热情地品尝吧。

能不能每天吃到新鲜的菜式,其实并没有那么重要。

心怀感激,细细品味每一餐,你将收获百倍的幸福。

日常感悟

星期五

遗世独立

众所周知,我喜欢独来独往,但这并不意味着拒人于千里之外,永远不向任何人寻求帮助。(在你需要的时候,也要让别人听到你的声音!)

这意味着,即使无人欣赏,你也要努力绽放,看自己的景,走自己的路,修自己的心。学会在独处中保持内心的富足,不在情感上依赖他人的认可。

日常感悟

星期六

照顾好自己

不要把照顾自己当成一项任务,要确保它成为一种爱的习惯。
为了你自己,只是为了自己,把每天的卫生清洁当成一种愉快又令人放松的仪式吧。
我和我的猫咪朋友几乎把一天中 10% 的时间投入打理自己上。
因为当身体舒适时,精神也会舒适。

日常感悟

星期天

休息日

至少在今天你不用准时醒来。

如果早早地醒了,那就欣赏一下第一缕曙光,或者赖一会儿床,什么也不做。

有人说,一个人一生中最幸福的时候,就是早上醒来在床上度过的时间。

改变呼吸方式

人类已经忘记了如何正确地呼吸。大多数人只会胸式呼吸,这会导致横膈、颈部、肩部的肌肉紧张。没有哪种呼吸方式比腹式呼吸更能让身体健康、焕发生机,让大脑充满活力。重新学习一下怎么呼吸吧,这意味着你会更多地关注自己,关注自己的情绪和能量如何充分展现出来。

选择一个舒服的地方躺下。你可以躺在床上,也可以躺在垫子或毯子上。放平双腿,当然,如果你喜欢弯着腿,也可以屈膝,把双脚平放在床上。腹式呼吸也可以坐着进行,你可以坐在有靠背的椅子上,也可以坐在地板上,随你喜欢,重要的是呼吸。

把手自然地放在肚脐上,不要用力,然后深吸气,感受你的肚子像气球一样膨胀。你会感觉到你的手随着腹部向上抬起。

呼气,你会感觉到你的手随着刚刚鼓起的肚子慢慢下降。如果可以,将你腹部的气体尽可能完全排空。

刚开始,呼气和吸气的时间可以保持相同,然后尝试着逐步增加吸气的时间,直到吸气时间达到呼气时间的两倍,比如吸气用10秒,呼气用5秒。

休息时刻，随心所欲

满足自己的购物欲。

有阳光的时候,

记得 拍 照 。

偶尔的 **偷懒**,

也许会让人开心很多。

整理 **相册**,

回忆过往。

第七周

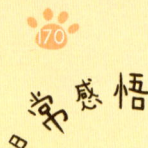
日常感悟

星期一

心动不如行动

如果你试图用理智来控制一切,那只会变得一团糟。

有时候,面对生活中的各种选择,最好的方式就是服从本能,跟着感觉走。

如果结果不尽如人意,不要担心,不一会儿你就会忘记它了。

日常感悟

星期二

舒展你的四肢

身体是内心世界的一面镜子。

一天中所有的紧张感都会在心里慢慢堆积。

养成一个好习惯,时不时在床上舒展一下你的四肢,在毯子上更好,感受一下身体所散发出的愉悦感和自由感。

这样,紧张情绪很快就会得到缓解。

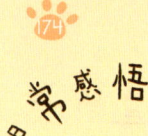

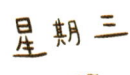

无视激怒你的人

要想保持清静,就要远离那些吵闹、喧嚣、过于神经质的人。

没有什么是比朋友安静的陪伴更好的了,最好再有一个拥抱。

但最重要的是,如果有人试图激怒或挑衅你,你要做最简单的事:无视他们!

这可能让你看起来很傲慢,但这样可以给自己省去很多不必要的麻烦。

日常感悟

嗅芬芳、品世界

每一种感官都能给人带来愉快的体验。

当难闻的气味钻入鼻腔,你就赶快躲开并忘掉。

要用你的嗅觉去寻找沁人心脾、让人心旷神怡的芬芳,它们可以使你放松身心,并告诉你,周围的世界是多么的精彩。

星期五

不想吃就停下

当你不想再吃的时候,为什么还要强迫自己将盘子里的食物吃完呢?

当你觉得吃饱了的时候,最好的做法就是停止进食。

学会倾听身体的声音,它会告诉你什么时候需要吃饭,会告诉你是需要吃零食还是一顿大餐。

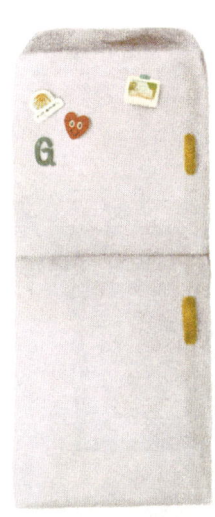

日常感悟

星期六

赴一场与阳光的约会

阳光是能量的源泉,我们可以贪婪地享受它。

太阳散发出的万丈光芒,透过云层,洒向苍茫大地,照亮了你的眼睛,也温暖了你的皮肤。

你会感到你的身体放松下来了,你的情绪平静下来了。

你张开双臂,沐浴在阳光之中,想想现在拥有的礼物是多么简单而美好。

日常感悟

星期天

休息日

几个世纪前,一位伟大的思想家曾说过这样一句话:
"人类的所有问题,都源于他们不能孤身一人在房间里静坐。"
愿你的周日能和我的每一天一样,有机会去发现生活在这个世界上简简单单的快乐。
逍遥又自在。

猫式瑜伽

~~~~~~~~~~~~~~~~~~~~~~~~~~~~~

运动不仅仅是为了在赛场战胜对手、超越自己,还可以在训练结束后,对着镜子说:"是的,我很强!"

运动还有一个更重要的作用,可以让身体,尤其是背部,从劳累了一天的紧张状态中舒展开来。

猫式瑜伽的目的就在于此。当你做这个动作的时候,想一想我是怎么做的——后背下沉,四肢伸展,同时把头望向天花板。这对你来说是不是更简单了呢?

准备一个舒适的垫子跪在上面,如果能再放一个保护膝盖的小垫子,那就更好了。大腿和手臂垂直于地板,背部与地板平行。

~~~~~~~~~~~~~~~~~~~~~~~~~~~~~

呼气，缓慢地抬起腰部和背部，同时朝着地板低下头。

吸气，缓慢地放平你的腰部，直到背部完全伸展。同时，向上抬头。

重复几次，你的呼吸会更加放松，动作也会越来越舒展。

休息时刻，随心所欲

如果你今天感受到下面这些不好的情绪，
那就挖空它们丢到垃圾桶。

愤怒

暴躁

尴尬

崩溃

郁闷

委屈

难过

无聊

生气

烦恼

心情不好,

就去超市听"好消息"。

给五年后的自己写一封信。

困了就赶紧睡,
醒来再完成任务。

谨以此书，献给世界上所有给他们的人类朋友带来快乐的猫咪们。